BEI GRIN MACHT SICH IHR WISSEN BEZAHLT

- Wir veröffentlichen Ihre Hausarbeit,
  Bachelor- und Masterarbeit

- Ihr eigenes eBook und Buch -
  weltweit in allen wichtigen Shops

- Verdienen Sie an jedem Verkauf

Jetzt bei www.GRIN.com hochladen und kostenlos publizieren

Bibliografische Information der Deutschen Nationalbibliothek:

Die Deutsche Bibliothek verzeichnet diese Publikation in der Deutschen National-
bibliografie; detaillierte bibliografische Daten sind im Internet über http://dnb.d-
nb.de/ abrufbar.

Impressum:

Copyright © 2008 GRIN Verlag, Open Publishing GmbH
Druck und Bindung: Books on Demand GmbH, Norderstedt Germany
ISBN: 9783640677115

Dieses Buch bei GRIN:

http://www.grin.com/de/e-book/154440/diagnostik-mathematischer-basiskompe-
tenzen-im-grundschulalter

Inga Schmale

Diagnostik mathematischer Basiskompetenzen im Grundschulalter

Eine Ausarbeitung am Beispiel des Heidelberger Rechentests

GRIN Verlag

GRIN - Your knowledge has value

Der GRIN Verlag publiziert seit 1998 wissenschaftliche Arbeiten von Studenten, Hochschullehrern und anderen Akademikern als eBook und gedrucktes Buch. Die Verlagswebsite www.grin.com ist die ideale Plattform zur Veröffentlichung von Hausarbeiten, Abschlussarbeiten, wissenschaftlichen Aufsätzen, Dissertationen und Fachbüchern.

Besuchen Sie uns im Internet:

http://www.grin.com/

http://www.facebook.com/grincom

http://www.twitter.com/grin_com

Inhaltsverzeichnis

1 Einleitung

Das Referat zum Thema: ‚Diagnostik mathematischer Basiskompetenzen im Grundschulalter' wurde in drei Teile gegliedert. Zu Beginn wird die aktuelle Situation betrachtet, in der es um die Frage geht: Warum und wie werden Basiskompetenzen überhaupt getestet? Daran schließt die Erläuterung des Aufbaus und der Durchführung des Heidelberger Rechentests, als exemplarisches Verfahren an, bevor dann im dritten Teil die Befunde im internationalen Vergleich dargestellt werden. Der erste, einleitende Teil soll auf den folgenden Seiten noch einmal genauer betrachtet werden.

Die Grundlage dieser Ausarbeitung, sowie auch des Referats bildet dabei das Jahrbuch der pädagogisch- psycholgischen Diagnostik, mit dem Titel ‚Diagnostik von Mathematikleistungen'. Die wesentlichen Elemente des Referats stammen aus dem gleichnamigen Text und sollen einen Einblick in ein Testerfahren, den Heidelberger Rechentest (HRT), geben. Um dieses Thema greifbar zu machen haben wir versucht die Aktualität und Wichtigkeit der Diskussion über Diagnoseverfahren und Rechentests heraus zu stellen. In diesem Zusammenhang werde ich weitere Testverfahren vorstellen und die neuropsychologische Grundlage der Entwicklung von Rechenfähigkeiten genauer betrachten. Es soll herausgearbeitet werden wie das Gehirn bei Mathematikaufgaben arbeitet, damit ein Bewusstsein entwickelt wird, was in einem Verfahren zur Feststellung einer Rechenschwäche getestet wird. An dieser Stelle gehe ich auch kurz auf die Definition von Rechenschwäche ein, was diese Bezeichnung meint und welche mathematischen Bereiche bei Kindern mit einer solchen Schwäche beeinträchtigt sind. Daran anschließend werden erste diagnostische Ziele und der Aufbau des Heidelberger Rechentests in einem kurzen Überblick vorgestellt. Abschließend möchte ich in einem Fazit aus Beiträgen zum Kongress des Bundesverbandes für Legasthenie und Dyskalkulie, der 2005 in Berlin gehalten wurde zitieren und selber Stellung zu dem Thema beziehen.

2 Warum werden Basiskompetenzen getestet?

Schon der Titel des Referats wirft bei manchem Hörer Fragen auf. Was genau sind eigentlich Basiskompetenzen, wie werden sie getestet und vor allem, warum? Der Begriff der Basiskompetenzen wird in diesem Bereich explizit auf die fachlichen Bereiche der Mathematik bezogen und spiegelt die Grundfähigkeiten wieder, die einem eine erfolgreiche Teilhabe an der Gesellschaft ermöglichen.[1] Eine Diskussion um diese Kompetenzen ist aufgekommen, da die deutschen Schüler bei internationalen Vergleichsstudien wie PISA oder IGLU unterdurchschnittliche Mathematikleistungen erbracht haben. Aus dieser öffentlich geführten Debatte über Diagnostik entstand ein großes Interesse an der Entwicklung und Förderung mathematischer Kompetenzen. Genauer gesagt, die Nachfrage nach konkreten Testverfahren, die eine Diagnose von Rechenschwächen ermöglichen ist enorm gestiegen. Auf diese Entwicklung der letzten Jahre wurde reagiert, indem „die diagnostischen Möglichkeiten in der Grundschule [durch], die im Rahmen der Reihe ‚Deutsche Mathematiktests' produzierten Testverfahren eindeutig verbessert w[u]rden."[2] Das im einleitenden Satz vorgestellte Buch, welches dieser Ausarbeitung als Grundlage dienen soll, enthält so etwas wie eine Bestandsaufnahme der Tests, die heute in der Diagnostik ihre Verwendung finden. Darum sollen an dieser Stelle die wohl bekanntesten Testverfahren in einer kurzen Übersicht exemplarisch vorgestellt werden.

2.1 Verschiedene Testverfahren

Das erste Verfahren ist der DEMAT 1+, ein deutscher Mathematiktest für erste Klassen, der im Jahr 2002 von Krajewski, Küspert und Schneider entwickelt wurde. Eingesetzt wird er zur Überprüfung der mathematischen Kompetenzen in Bezug auf die Lehrpläne aller deutschen Bundesländer. Außerdem ist eine frühzeitige Diagnose von Rechenschwächen oder aber besonderen Mathematikleistungen auf diese Weise möglich. Aufgebaut ist der DEMAT als Gruppentest, was sich in besonderem Maße dazu eignet, die Rechenleistungen einer ganzen Schulklasse zu erfassen und Leistungsschwache Kinder im Klassenverband zu identifizieren. Der Test ist folgendermaßen ist in neun Subtets konzipiert. Mengen-Zahlen, Zahlenraum, Addition und Subtraktion, Zahlzerlegung-Zahlenergänzung, Teil-Ganzes-Schema, Kettenaufgaben, Ungleichungen und Sachaufgaben werden thematisiert. Diese neun Inhaltsschwerpunkte die in werden an Hand von Schablonen, durch eine Punktevergabe pro Subtest ausgewertet. Dadurch besteht die Möglichkeit ein Leistungsprofil zu bilden, was Aufschluss über, schwache Bereiche' geben soll.

---

[1] (Vgl. http://www.uni-bielefeld.de/Universitaet/Einrichtungen/Zentrale%20Institute /IWT/FWG/PISA/Basiskompete
[2] Hasselhorn, Marx, Schneider (Hrsg.), (2005): Diagnostik von Mathematikleistungen, Hogrefe, Göttingen, Vorwort

Ein weiteres anerkanntes Testverfahren zu Dyskalkulie ist der ZAREKI von Weinhold, Horn und von Aster. Eingesetzt wird er bei Grundschulkindern, um Einblicke in wesentliche Aspekte der Zahlverarbeitung und des Rechnens zu bekommen. Dieser Test ist auf eine Einzeldiagnose ausgelegt und bietet anschauliches Material kombiniert mit einer kurzen Bearbeitungsdauer, was rechenschwachen Kindern die Angst vor den Aufgaben nehmen soll. Auch in diesem Test werden die Inhaltsbereiche in Subtests abgefragt, diesmal allerdings in elf verschiedenen: Abzählen, Zählen rückwärts mündlich, Zahlen schrieben, Kopfrechnen, Zahlenlesen, Anordnen von Zahlen auf einem Zahlenstrahl, Zahlvergleich, Perzeptive Mengenbeurteilung, Kognitive Mengenbeurteilung, Textaufgaben und Zahlenvergleich. Jeder dieser Subtests prüft einen eigenen Fertigkeitsbereich, der jeweils so aufgebaut ist, dass die Aufgaben einem gestaffelten Schwierigkeitsgrad entsprechen.

Der letzte Test, der an dieser Stelle vorgestellt werden soll, ist der Osnabrücker Test zur Zahlbegriffsentwicklung kurz OTZ. Das Verfahren wurde 2001 von van Luit, van de Rijt und Hasemann entwickelt. Eingesetzt wird es bei Kindern im Alter von 4,6 bis 7,6 Jahren mit dem Ziel die Niveaus bei der Zahlbegriffsentwicklung einschätzen zu können. Anders als die beiden bereits vorgestellten Tests, wird dieses Verfahren bereits im Kindergarten eingesetzt, um Kinder heraus zu filtern deren Zahlbegriffsentwicklung im Verhältnis zu ihren Altersgenossen verzögert ist. Der OTZ testet in zwei Parallelversionen acht unterschiedliche Komponenten des frühen Zahlbegriffs, wie beispielsweise Vergleichen, eins-zu-eins Zuordnen, Zahlwörter benutzen oder nach Reihenfolge ordnen.[3] Er richtet sich nicht, wie der DEMAT 1+ nach curricularen Lehrplänen, sondern basiert auf der Grundlage aktueller Untersuchungen zur Zahlbegriffsentwicklung.

2.2 Theoretische Grundlagen des HRT

Nachdem nun drei führende Testverfahren vorgestellt wurden, sollen die theoretischen Grundlagen auf denen ein solcher Test basiert genauer vorgestellt werden. Das Verfahren, welches als exemplarisches dargestellt wird, ist der Heidelberger Rechentest, der von Haffner, Baro, Parzer und Resch im Jahr 2005 entwickelt wurde. Er zielt darauf ab mathematische Basiskompetenzen in der Grundschule zu testen. Inhaltlich richtet sich auch der HRT nicht nach Lehrplänen,

---

[3] http://www.legasthenietherapie-info.de/rechentest.html, 05.02.2008

sondern prüft basale, „an der Basis (des Gehirns) liegend[e]"[4], mathematische und kognitive Kompetenzen. Das bedeutet, es sollen grundlegende Mengen- und Rechenoperationen erfasst werden die im mathematischen Bereich kulturübergreifend wichtig erscheinen. Diese Internationalität des Verfahrens soll durch eine weitgehend sprachfreie Durchführung garantiert werden.

Um zu verstehen was bei einem solchen Verfahren genau getestet wird, sollen in diesem Kapitel die biologischen Grundlagen der Entwicklung komplexer Rechenfertigkeiten betrachtet und an Hand eines Modells erläutert werden. Ausgehend von der aktuellen Forschungsliteratur steht am Anfang die These, dass basale Kompetenzen biologisch angeboren sind. Dazu zählen Vorgänge wie das Abzählen, Abschätzen von Größenrelationen und Anzahlen, sowie einfache arithmetische Operationen mit kleinen Mengen. Zu diesen angeborenen Fähigkeiten entwickeln sich im Vorschulalter komplexere numerische und arithmetische Kompetenzen, die dann in der Schule durch systematische Lernprozesse erweitert werden. Auf Grund dieses Aufbaus gehen die Forscher davon aus, dass die in der Schule vermittelten mathematischen Inhalte biologisch sekundäre Fähigkeiten sind.

Das ‚Tripel-Code-Modell' von Dehaene und Cohen ist ein neurobiologischer Erklärungsansatz, der diese These genauer untersucht. Es ist das aktuell einzige, empirisch unterstützte und anatomisch funktionale Modell der Zahlverarbeitung. Die numerische Größenrepräsentation spielt eine entscheidende Rolle in diesem Modell neben einer internen, visuellen Zahlform und der sprachlichen Repräsentation der Zahlwörter. Diese drei angesprochenen Formen der ‚Zahlspeicherung' finden jeweils in einem eigenen Modul statt. „Unter Modul versteht man eine eng umschriebene Funktionseinheit, die sich auch morphologisch abgrenzen lässt und eigenständig die bestimmten Aufgaben schnell und automatisiert durchführt."[5] In diesen Modulen sind die Zahlen auf unterschiedliche Art gespeichert. Das erste Modul, ‚Analog Magnitude Representation' (vgl. Abbildung, Modul 1) beinhaltet die analoge Repräsentation von Zahlen und Mengen und die Semantik einer Zahl. Hier wird die numerische Größe einer Zahl in einem innerlich visualisierbaren Zahlenstrahl repräsentiert. Dieses Modul wird benötigt um Mengen direkt erfassen und Vorgänge wie Schätzen, Vergleichen und Überschlagen durchführen zu können. Die anatomische Zuordnung liegt in den inferior partialen Regionen beider Hemisphären. Im Modul ‚Visual Arabic Number Form' (vgl. Abbildung, Modul 2) werden arabische Ziffern als Schriftzeichen

---

[4] http://www.textlog.de/11777.html, 05.02.2008
[5] http://www.code-mathematiktest.de/theorie/triple.htm, 05.02.2008

4

erfasst und verarbeitet. Prozesse die den Stellenwert einzelner Ziffern in mehrstelligen Zahlen festlegen spielen hier eine große Rolle. Zum Beispiel wird der Prozess, die Ziffern ‚1' und ‚3' als ‚13' oder ‚31' zu betrachten, hier gesteuert. Eine weitere Funktion, die in dieses Modul fällt ist die Unterscheidung von geraden und ungeraden Zahlen. Die Repräsentation findet rein visuell statt und ist in der beidhemisphärischen okzipito- temporalen Hirnrinde angesiedelt. Das dritte und somit letzte Modul ‚Auditory Verbal Word Frame' (vgl. Abbildung, Modul 3) beinhaltet die auditiv sprachliche Repräsentation. Dort, im linken inferioren präfrontalen Kortex, werden Zahlwörter schriftsprachlich und akustisch verarbeitet. Gebraucht wird dieser Bereich für exaktes Kopfrechnen, das Speichern und Abrufen von Zahlenfakten und auch für Zählprozeduren wie das Einmaleins.

Das Modell besteht also aus drei Einheiten, wie man an der Graphik erkennen kann, die alle für bestimmte Bereiche der Mathematik benötigt werden. „Die drei Funktionseinheiten werden zwar als autonom betrachtet, sind aber über Transkodierungsprozesse miteinander verbunden, und werden je nach speziellen Erfordernissen einer Aufgabe aktiviert."[6] Das bedeutet, dass die Bearbeitung komplexer Aufgaben die Zusammenarbeit mehrerer Hirnregionen erfordert und eine Vielzahl von Subprozessen dabei aktiviert wird. Zur erfolgreichen Lösung einer Matheaufgabe müssen also verschiedene Hirnregionen koordiniert zusammen wirken. Dieses Modell wurde auf der Grundlage von neurologischen Untersuchungen an hirngeschädigten Patienten entwickelt, bei denen verschiedenartige Teilausfälle bei der Zahlenverarbeitung   beobachtet wurden. Es geht von einer neuronalen Ausbildung eines Erwachsenen aus, was bedeutet, dass die einzelnen Repräsentationen der Module nicht angeboren sind. Sie entwickeln sich keinesfalls unabhängig voneinander, sondern beeinflussen sich gegenseitig.

„Erst im Verlauf der Primarschulzeit wird auf der Basis des schon vorhandenen analogen und linguistischen Zahlenwissens das "Visual Arabic Number Form"-Modul ausgebildet, das lediglich visuell repräsentiert ist. Diese Entwicklung ist wiederum rückbezüglich Voraussetzung für das schon seit Geburt angelegte "Analog Magnitude Representation-Modul."[7]

---

[6] ebd.
[7] ebd.

Es wird bei der Betrachtung dieses Modells deutlich, dass Schwächen in bestimmten mathematischen Bereichen das Ergebnis einer großen Zahl von Prozessen sind, die nicht als ein abstrakter Bereich gefasst werden können.

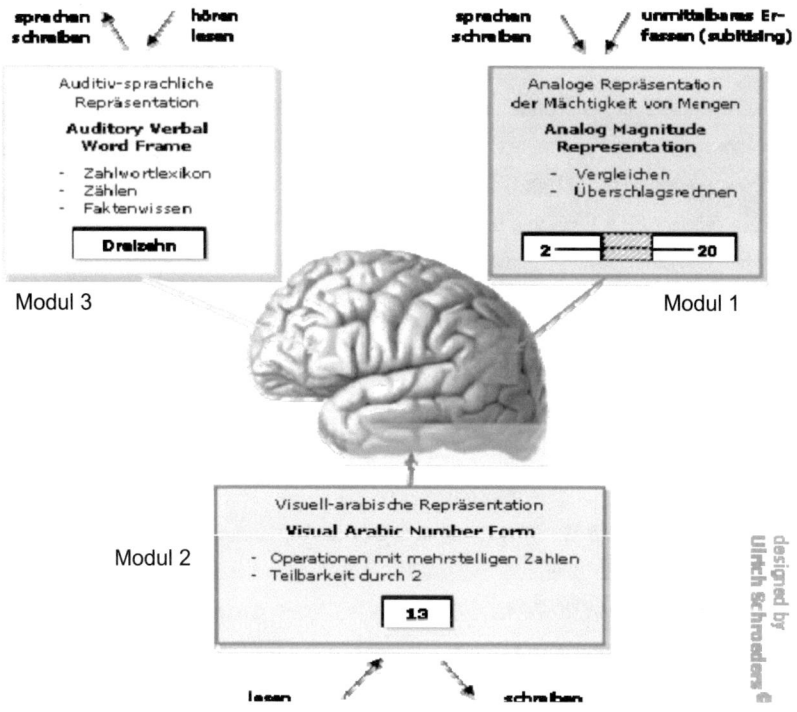

Abb. 1: Das „Triple-Code-Modell"
http://www.code-mathematiktest.de/theorie/triple.htm, 05.02.2008

2.3 Rechenschwäche

Was passiert also bei rechenschwachen Menschen? Und wie findet man heraus ob jemand rechenschwach ist? Diese beiden Fragen sollen im weiteren Verlauf dieser Ausarbeitung geklärt werden. Eine konkrete Definition der Rechenschwäche, oder dem häufig verwendeten Fachbegriff Dyskalkulie, ist nur schwer zu geben. Es gibt in der aktuellen Forschung zu viele verschiedene Ergebnisse und Meinungen, die nicht in einem Satz zusammengefasst werden können. Nach der ICD-10, der internationalen Klassifikation psychischer Störungen, zählt die Rechenschwäche zu Entwicklungsstörungen schulischer Fertigkeiten (F81 ICD-10) in der

Diagnosekategorie F81.2. Die Definition lautet:

„Diese Störung besteht in einer umschriebenen Beeinträchtigung von Rechenfertigkeiten, die nicht allein durch eine allgemeine Intelligenzminderung oder eine unangemessene Beschulung erklärbar ist. Das Defizit betrifft vor allem die Beherrschung grundlegender Rechenfertigkeiten, wie Addition, Subtraktion, Multiplikation und Division."[8]

Um solche Teilleistungsstörungen messen zu können werden die Personen während des Rechenvorgangs beobachtet. Dies ist mit Hilfe der modernen bildgebenden Verfahren, die die Aktivität des Gehirn während eines solchen Vorgangs messen seit längerem möglich. Ein Ergebnis solcher Beobachtungen ist zum Beispiel, dass beim Überschlagen einer Aufgabe andere Hirnregionen beansprucht werden als beim exakten Rechnen der selben Aufgabe, was auf das zuvor beschriebene Modell zurück zu führen ist. Aus zahlreichen Studien konnte in den letzten Jahren abgeleitet werden, dass es bestimmte Bereiche sind, in denen Rechenschwache Kinder Probleme haben. Dazu wurden in der eben genannten Definition die Grundrechenarten genannt. Des Weiteren entwickeln diese Kinder meist eine unzureichende Vorstellung von Zahlen und Größen, sowie einen mangelnden räumlichen Aufbau. Sie wenden Rechenregeln unverstanden mechanisch an und können mit Rechenvorteilen oder ‚Eselsbrücken' nicht umgehen. Sie entwickeln einen Mechanismus der Rechenverfahren, bei dem die Aufgaben mechanisch bewältigt werden ohne, dass ein Verständnis, der zu Grunde liegenden Verfahrenstechnik, vorhanden ist. Es ist den meisten Kindern die eine Rechenschwäche haben auch nicht möglich unrealistische Lösungen oder Fehler zu erkennen. Aus diesem Grund werden Veränderungen einer Aufgabe teilweise nicht berücksichtigt, sondern einfach nach dem auswendig gelernten Verfahren berechnet. Auch das, in einem Beispiel zum Modul ‚Visaul Arabic Number Form' genannte Überschlagsrechnen und numerisches Schätzen fällt ihnen sehr schwer, da sie unzureichende mathematische Konzepte entwickeln.

2.4 Diagnostische Zielsetzung des HRT

An dieser Stelle soll nun, ausgehend von diesen theoretischen Untersuchungen und

---

[8] Hasselhorn, (2005) S.72

7

Ergebnissen, der Blick in die Praxis gerichtet werden. Es ist deutlich geworden, dass der Anspruch an ein Testverfahren wie den Heidelberger Rechentest sehr hoch und vor allem breit gefächert ist. Deshalb haben die Autoren dieses Verfahrens „de[n] Versuch unternommen, grundlegende Prozesse der Größen- und Mengenerfassung, der räumlich-visuellen Reizverarbeitung und basaler Rechenoperationen in entsprechenden Untertests abzubilden."[9] Die im HRT getesteten Kompetenzen bilden die Grundlage für eine Entwicklung komplexerer mathematischer Fähigkeiten und werden daher Basiskompetenzen genannt. Eine frühe Diagnostik in diesem Bereich soll die Leistungen im Fach Mathematik vorhersagbar machen und somit eine individuelle Förderung ermöglichen.

Auch wenn in den theoretischen Grundlagen zur Konzeption dieses Tests das ‚Triple-Code-Modell' von Dehaene und Cohen beschrieben wird, ist der HRT nicht, wie beispielsweise der ZAREKI, in unterschiedliche Aspekte der Zahlverarbeitung gegliedert, so wie es das Modell vorgibt. Vielmehr steht beim Heidelberger Rechentest ein leistungs- und lösungsorientierter Ansatz im Mittelpunkt. Die diagnostischen Ziele richten sich darauf aus, dass die Lösungsgeschwindigkeit der Kinder beobachtet wird, um daraus auf die Lösungsstrategien schließen zu können. Ein Kind mit umständlichen Rechenwegen, wie zum Beispiel das zählende Rechnen wird länger für eine Aufgabe benötigen als ein ‚geschickter Rechner'. Die Folge ist, dass das Kind weniger Aufgaben in der vorgegebenen Zeit lösen kann und man auf Grund dieser Ergebnisse auf die mathematischen Kompetenzen in dem jeweiligen Subtest schließen kann. Der ‚Speed-Test' bildet zudem das gesamte Leistungsniveau der Primarstufe ab, so dass der Stand der einzelnen Kinder genau bestimmt werden kann.

2.5 Aufbau und Anwendung des HRT

Der Heidelberger Rechentest prüft neben grundlegenden Rechenoperationen auch die logische Zahlverarbeitung, Mengenerfassung und räumlich-visuelle Fähigkeiten, wobei die Schreibgeschwindigkeit als Kontrollvariable dient. Alle Aufgaben werden unter zeitlicher Begrenzung durchgeführt, was in der ersten Klasse einer reinen Bearbeitungszeit von 20 ½ Minuten und einer gesamten Durchführungszeit von 50 Minuten entspricht. Ein einzelner Untertest beinhalten nur Aufgaben eines Typs, die in unterschiedliche Schwierigkeitsgrade eingeteilt sind. Der HRT besteht aus zwölf

---

[9] ebd S.128

Untertests, die in der Tabelle 1 erklärt werden. Alle Kinder bearbeiten die gleichen Aufgaben, egal ob erste oder vierte Klasse. So soll eine größtmögliche Vergleichbarkeit in der Primarstufe gewährleistet werden. Aus dem gleichen Grund wurde der HRT, wie oben bereits erwähnt, als Gruppentest konzipiert, um einen Überblick über das Leistungsniveau einer Klasse oder eines Jahrgangs zu geben.

Abk.	Untertest	Messeinheit	Aufgaben-zahl	Zeit (min.)
SG	Schreibgeschwindigkeit	Visuomotorisches Arbeitstempo	60	0,5
RA	Addition	Grundrechnen – Plus	40	2
RS	Subtraktion	Grundrechnen- Minus	40	2
RM*	Multiplikation	Grundrechnen- Mal	40	2
RD*	Division	Grundrechnen- Geteilt	40	2
EG	Ergänzungsaufgaben	Rechenleistung bei variablen Gleichungs- Aufgaben	40	2
GK	Größer- Kleiner Aufgaben	Größenvergleiche, Überblicksrechnen, Ungleichungen	40	2
ZF	Zahlenfolge	Mathematisch logisches Denken, Erkennen von Regeln	20	3
LS	Längenschätzen	Visuelle Größenerfassung	24	3
WÜ	Würfel	Mengenerfassung unter Berücksichtigung räumlicher Vorstellung	28	3
MZ	Zahlen geordneter Mengen	Zählgeschwindigkeit, Mengenstrukturierung	21	1
ZV	Zahlenverbinden	Wahrnehmungsgeschwindigkeit, Visuomotorik	200	2

Anmerkungen: *Untertests RM und RD werden erst ab Ende 2. Klasse durchgeführt

Tab. 1: Beschreibung der Untertests des HRT. Aus Haffner, J. et. al. (2005): Diagnostik mathematischer Basiskompetenzen im Grundschulalter: Der Heidelberger Rechentest HRT

3 Fazit

„Trotz intensiven Bemühens, die Diagnostik und Förderung für Kinder mit Legasthenie und Dyskalkulie zu verbessern, besteht nach wie vor ein großer Handlungsbedarf, diagnostische Verfahren und Förderkonzepte zu entwickeln und in ihrer Bedeutung bzw. Wirksamkeit zu überprüfen."[10] So lautet der einleitende Satz in dem Buch, welches die Beiträge zum Legasthenie und Dyskalkulie Kongress zusammenfasst. Gerade die Forschungen zur Rechenschwäche sind erst in den

---

[10] http://winklerverlag.com/verlag/v0706x/v0706-00.pdf

letzten 20 Jahren verstärkt worden, so dass es mit Sicherheit noch Optimierungsmöglichkeiten gibt. Die aktuelle Situation beschreibt eine rasende Entwicklung unterschiedlichster Verfahren zur Diagnose von Rechenschwächen, die viele verschiedene Aspekte berücksichtigen. Da es allerdings schon in der Definition des Begriffs Rechenschwäche wesentliche Unterschiede gibt, zeichnen diese sich auch in den Testverfahren ab. Die in dieser Ausarbeitung vorgestellten Tests sind einige wenige von vielen die entwickelt worden sind und bilden mit Sicherheit nicht das Ende einer Forschung nach Ursachen von mangelnden Mathematikleistungen.

Literatur- und Quellenverzeichnis

Hasselhorn, Marcus, Marx, Harald, Schneider, Wolfgang (Hrsg.), (2005): Diagnostik von Mathematikleistungen, Hogrefe Verlag, Göttingen

http://www.uni-bielefeld.de/Universitaet/Einrichtungen/Zentrale%20Institute/IWT/FWG /PISA/Basiskompete, 05.02.2008

http://www.legasthenietherapie-info.de/rechentest.html, 05.02.2008

http://www.textlog.de/11777.html, 05.02.2008

http://www.code-mathematiktest.de/theorie/triple.htm, 05.02.2008

http://winklerverlag.com/verlag/v0706x/v0706-00.pdf, 05.02.2008